AF331279

RELATION

D'UN CAS D'OBLITÉRATION

DU TIERS INFÉRIEUR

DE LA

VEINE CAVE INFÉRIEURE ET DES VEINES ILIAQUES PRIMITIVES

CHEZ UNE FEMME DE 68 ANS

RÉTABLISSEMENT DE LA CIRCULATION A L'AIDE DES VEINES TÉGUMEN-
TEUSES DU TRONC DEVENUES VARIQUEUSES. — ABSENCE DE TUMEUR
ABDOMINALE.

PAR LE DOCTEUR Léon PARISOT

Professeur titulaire d'Anatomie et de Physiologie a l'École
de Médecine de Nancy,
Médecin de l'Hospice Saint Stanislas (Enfants malades et assistés)
Chevalier de la Légion d'honneur.

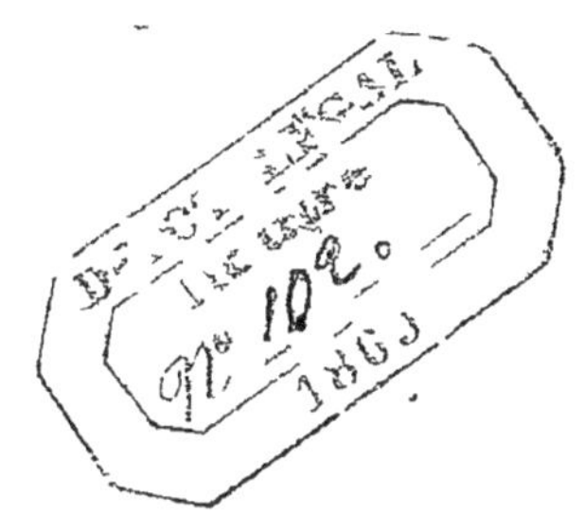

Les faits d'oblitération de la veine cave inférieure
sont loin d'être communs, puisque MM. Sappey et
Dumontpallier, en 1861, n'ont pu en réunir que
douze observations éparses dans les recueils scien-
tifiques (1). Je ne crois donc pas hors de propos de
rapporter le fait que j'ai observé.

Faute de renseignements cliniques, j'ai dû m'en
tenir aux seules données fournies par l'anatomie.

---

(1) *Comptes rendus et Mémoires de la Société de Biologie*, T. III
la 3e série, année 1861, p. 155 du Mémoire.

Dans le courant du mois d'avril 1863, on apporta dans le service de la clinique interne de l'hôpital Saint-Charles de Nancy, une femme âgée de 68 ans, qui, dès son entrée, succomba avec tous les signes d'une congestion pulmonaire.

L'autopsie que je pratiquai révéla les faits suivants :

Le cadavre présentait assez d'embonpoint; léger œdème de la jambe gauche.

Les parois abdominales et thoraciques antérieures étaient remarquables par le développement variqueux des veines tégumenteuses superficielles qui couvraient ces régions d'un vaste plexus à grandes mailles, dont quelques branches avaient acquis au moins le volume d'une plume à écrire.

Cette disposition me rappelant le cas que MM. Sappey et Dumontpallier venaient de publier, me fait soupçonner un obstacle dans le courant de la veine cave inférieure, ou de l'un de ses principaux affluents.

D'ailleurs l'absence d'ascite et le volume normal du foie éloignaient l'idée d'une gêne dans la circulation de la veine porte.

Je recueillis de l'urine que je ne trouvai point albumineuse, preuve de la liberté du cours du sang dans l'appareil rénal.

Comme le cadavre était réclamé par la famille, je n'eus pas le loisir d'injecter le système veineux. Il est vrai de dire que le réseau tégumentaire était si développé, que je pouvais à la rigueur me passer

de cette préparation, seulement la dissection deve-
nait plus difficile et exigeait plus de soins.

A l'exemple de MM. Sappey et Dumontpallier, j'examinerai d'abord la veine cave inférieure et ses principaux affluents, les veines iliaques ; ensuite je parlerai des courants supplémentaires qui rétablissaient la circulation interrompue.

Description de la veine cave inférieure et des veines iliaques primitives.

La veine cave inférieure est oblitérée immédiatement au-dessous des veines rénales (*Pl.* I, *Fig.* E et *Fig.* F). A partir de ce point jusqu'aux iliaques primitives, elle est transformée complétement ainsi que ces vaisseaux en une corde ostéo-fibreuse.

Cette corde arrondie, longue de 8 centimètres, d'une coloration blanc-jaunâtre, présente un volume qui rappelle celui d'une plume à écrire (*Pl.* I, *Fig.* A). La consistance est dure par places et principalement au centre ; on dirait un tissu osseux. Incisé dans sa longueur, ce tissu crie sous le scalpel : au centre il existe un dépôt calcaire, analogue à celui que l'on rencontre dans les athérômes des artères.

Supérieurement le cordon s'arrête net (*Pl.* I, *Fig.* A) ; cette limite est recouverte d'une membrane lisse, qui se continue directement sans traces de cicatrice avec la séreuse des veines rénales et de la portion libre de la veine cave. Inférieurement il fait suite à deux cordons analogues qui obstruent les iliaques primitives (*Pl.* I, *Fig.* B).

Ces deux veines d'une consistance presque cartilagineuse, adhèrent tellement, ainsi que le cordon cave, aux parties sous-jacentes que j'ai beaucoup de peine à les distinguer et à les isoler de leur atmosphère celluleuse devenue très-dense.

Les veines hypogastriques et iliaques externes (*Pl.* I, *Fig.* F et G) ont aussi leurs parois considédérablement épaissies et durcies. Leur surface interne au lieu d'être plane est très-accidentée. Elle présente des colonnes en relief s'entre-croisant dans tous les sens (*Pl.* I. *b. b. b.*), et circonscrivant des aréoles, des cavités anfractueuses. D'où résulte un aspect réticulé qui rappelle complétement celui du ventricule droit ou d'un tissu caverneux. Çà et là quelques brides traversent le conduit et unissent des points diamétralement opposés du vaisseau. Partout une membrane qui semble être la séreuse habituelle des veines, revêt à la fois les colonnes et les anfractuosités, et vient, de même que l'endocarde, donner un aspect lisse aux parois irrégulières qu'elle recouvre. Ces loges, ces cavités anfractueuses renferment des caillots qui ont subi diverses transformations régressives.

Les parois des veines hypogastriques et fémorales, à leur origine, sont également épaissies : elles contiennent des caillots sanguins, récents et non modifiés (*Pl.* I, *Fig.* D).

Examen histologique du cordon oblitéré (1).

1° Le cordon de la veine cave et des veines iliaques qui offre l'apparence fibreuse n'est pas lui-même homogène. Il est composé d'éléments fibrillaires et de lamelles. Ces dernières s'entrecroisent dans tous les sens, de manière à circonscrire des espaces tubuleux qu'occupent les faisceaux fibrillaires, de sorte qu'une coupe perpendiculaire à l'axe du cordon, réaliserait le dessin schematique (A, *Pl.* II).

Les fibrilles examinées à l'objectif 3, oculaire 1 de Nachet, présentent le chevelu ordinaire de la fibrine coagulée. L'ensemble du chevelu est piqueté d'un grand nombre de granulations graisseuses (*Fig.* B, *Pl.* II).

Les lamelles sont formées par du tissu conjonctif et sont aussi parsemées de granulations graisscuses.

2° La partie centrale qui offre la consistance ostéo-cartilagineuse est constituée par du tissu conjonctif imprégné de granulations calcaires auxquelles il doit sa résistance. Mais il n'y a pas là de tissu osseux proprement dit (*Pl.* II, *Fig.* C).

On n'y trouve ni canaux de Havers, ni ostéoplastes. C'est une incrustation calcaire qui n'a rien d'organisé.

3° Les colonnes sont formées par le tissu conjonc-

---

(1) Cet examen a été fait par M. Poincaré.

tif dans lequel on ne recontre ni fibres élastiques, ni fibres musculaires. C'est encore du tissu conjonctif qui constitue la membrane qui revêt ces colonnes, quoique, à l'œil nu, l'aspect de l'enveloppant diffère essentiellement de celui de l'enveloppé ; il m'a été impossible de trouver des cellules épithéliales à la face interne de cette membrane. Mais ce résultat négatif ne permet pas de conclure à leur absence réelle ; car elles auraient bien pu disparaître sous l'influence des macérations prolongées dans l'alcool et dans l'acide acétique auxquelles la pièce a été successivement soumise (*Pl.* II, *Fig.* D, *Fig.* E).

Il me semble que les faits qui précèdent m'autorisent à avancer :

1° Que le cordon oblitérateur de la veine cave inférieure et des veines iliaques primitives est essentiellement fibreux ;

2° Que ces cordons, ainsi que les colonnes qui cloisonnent les veines iliaques externes sont constitués essentiellement par du tissu conjonctif ;

3° Que ce tissu doit ici sa naissance à des caillots sanguins qui ont subi diverses métamorphoses ;

4° Que les caillots fibrineux qui se forment dans l'intérieur des vaisseaux tendent, à la longue, à s'organiser et qu'ils deviennent du tissu conjonctif ;

5° Qu'arrivant à des phases subséquentes, ce dernier peut s'imprégner ou de granulations graisseuses ou de sels calcaires, et constituer ainsi un cordon résistant qui obstrue à jamais la cavité vasculaire, ou bien il peut encore se tasser, être refoulé excentriquement et permettre au sang de filtrer à travers le reticulum qui en résulte ;

6° Que dans ce second cas, le tissu qui se trouve directement en contact avec le sang et qui subit le frottement, finit par se disposer en membrane.

Ces conclusions sont complétement d'accord avec l'interprétation donnée par MM. Sappey et Dumontpallier.

En effet ces auteurs s'expriment ainsi :

« Des faits analogues antérieurement observés ont permis, en s'appuyant sur l'étude clinique et anatomopathologique, de considérer ces productions fibreuses intrà-vasculaires comme étant des modifications ultimes des caillots sanguins dont la fibrine avait subi une marche progressive vers l'organisation, telle est l'opinion de MM. Cruveilhier, Barth, Ch. Robin, Lebert, de Wirchow et de Cohn, et s'il nous est permis de rappeler les faits analogues que nous avons déjà observés à d'autres époques, nous dirons que dans les cas d'oblitération veineuse par des caillots, nous avons pu suivre pas à pas les modifications de la fibrine, et que nous avons vu de nombreux cloisonnements à direction longitudinale, transversale ou oblique, se former dans l'épaisseur des caillots fibrineux intrà-vasculaires. Ces cloisonnements adhéraient indirectement ou directement aux parois vasculaires et se confondaient par leur identité d'aspect et de structure avec la trame cellulo-

conjonctive de la tunique séreuse, si bien que dans
des veines autrefois le siége de la coagulation san-
guine, on constatait une cavité vasculaire, cloisonnée,
caverneuse, et de nouveau perméable au courant san-
guin ; et sur les mêmes veines (fémorale ou iliaque),
en un autre point de leur trajet, les cloisonnements
de même nature devenus beaucoup plus nombreux
formaient un tel feutrage dans la cavité de la veine
que le sang pouvait à peine y pénétrer. Puis, dans
d'autres points toujours des mêmes vaisseaux, le feutrage était si serré que la veine était transformée en
un véritable cordon fibreux. (*Société de Biologie et
Gazette médicale*, nov. 1859) (1). »

D'après ces données, je pense que chez le sujet
qui fait l'objet de cette note, comme chez celui de
MM. Sappey et Dumontpallier, il y a eu, à une
époque antérieure, formation de caillots dans les
veines cave et iliaques, et que ces caillots ont subi la
transformation organisatrice dont nous avons parlé.

A quelle époque remonte cette altération ? Quelle
en est la cause ? La coagulation primitive s'est-elle
faite d'abord dans les veines iliaques, ou d'emblée
dans la veine cave inférieure ? Ce sont autant de
problèmes que je ne saurais résoudre ; seulement
ici je puis affirmer que l'oblitération vasculaire ne
dépend pas de la compression exercée sur les veines

____

(1) *Comptes rendus de la Société de Biologie,* loc. cit., p. 140

cave et iliaques par une tumeur intrà-abdominale,
puisque l'examen anatomique ne nous en a pas
révélé la présence.

**Description des veines tégumenteuses qui rétablissent la
circulation sous-diaphragmatique interrompue.**

Comme, par suite de cette altération, la circulation sous-diaphragmatique était interrompue, la
nature la rétablit à l'aide des veines des parois de
l'abdomen et du thorax. Ces vaisseaux par leurs
anastomoses avec les mammaires internes, les grandes thoraciques et les intercostales allaient porter
le sang des membres inférieurs dans la veine cave
supérieure au moyen des azygos et des sous-clavières.

Les veines qui constituent cette circulation collatérale appartiennent toutes aux parois abdominales
et thoraciques.

Elles occupent deux plans, l'un superficiel ou
sous-cutané, l'autre profond, sous-aponévrotique,
rampant entre les muscles et les séreuses.

Le courant superficiel représente un vaste lacis à
larges mailles qui couvrent toute la partie antérieure
du tronc. Il se dessine au travers du tégument par
des vaisseaux bleuâtres, variqueux, plus ou moins
volumineux. Les plus gros ont au moins le calibre
de l'artère humérale.

Ils montent de l'embouchure des saphènes internes vers l'épigastre, où ils s'abouchent avec des

rameaux de la mammaire interne, en traversant le muscle grand droit près de l'appendice xyphoide.

D'autres branches moins volumineuses marchent vers la clavicule et se jettent dans les veines tégumenteuses thoraciques considérablement agrandies : ces dernières se terminent partie dans l'axillaire, partie dans la sous-clavière, aux environs de la veine céphalique.

Toutes les veinules des parties latérales du tronc participent à cet accroissement variqueux. Elles montent par deux courants tortueux vers le creux de l'aisselle et se terminent par un tronc unique dans l'axillaire, elles envoient des rameaux vers les intercostales devenues aussi plus grosses.

Le plan profond est formé, en avant, par les deux épigastriques et, en dehors, par les circonflexes iliaques. Ces vaisseaux aussi variqueux suivent leur marche et leur direction habituelles, l'épigastrique droite près de l'iliaque externe a presque le calibre du petit doigt : arrivée près de l'ombilic, elle envoie une branche au réseau logé dans le ligament suspenseur et la faulx de la veine ombilicale, réseau que M. Sappey a signalé le premier.

Ce plexus lui-même est très-développé, et s'abouche par quelques branches avec les mammaires internes et les intercostales.

Les veines épigastriques droite et gauche, pendant leur trajet, communiquent entre elles par de larges anastomoses et se déversent dans les veines mammaires internes. Ces dernières dilatées reçoivent les intercostales et se jettent dans les troncs brachio-céphaliques correspondants.

Les veines circonflexes iliaques d'un calibre presque égal à celui des épigastriques, s'anastomosent avec les branches abdominales des lombaires, sur la colonne lombaire, et près des trous de conjugaison, je trouve un large réseau que je ne puis suivre et qui se perd supérieurement dans l'azygos.

Les veines utérines ne sont guère plus développées qu'à l'ordinaire. La matrice et les ovaires ont leurs dimensions normales et ne sont le siége d'aucun produit pathologique, mais la veine ovarique du côté gauche, presqu'aussi grosse qu'une plume d'oie, est tortueuse et vient se jeter dans la veine émulgente gauche.

Je ne pus retrouver la veine ovarique droite : il me fut impossible de constater les anastomoses de la mésentérique inférieure avec les veines hémorrhoïdales qui ne participaient pas à l'ectasie des veines pariétales.

J'examinai avec d'autant plus de soin les veines viscérales que je connaissais le fait du Dr Hallelt et celui de Haller où la circulation collatérale s'était rétablie uniquement par l'intermédiaire des veines utérines et ovariques considérablement accrues (1).

Ici par suite de l'oblitération du tiers inférieur de

---

(1) *Comptes rendus de la Société de Biologie*, loc. cit. p. 148.

la veine cave inférieure, les veines pariétales superficielles et profondes de l'adomen et du thorax et la veine ovarique du côté gauche, ramenaient vers le cœur le sang des extrémités inférieures.

A cet effet, ces vaisseaux devenus variqueux s'étaient considérablement dilatés.

Ce fait démontre que chez la femme, lorsque la veine cave ascendante est oblitérée dans son tiers inférieur, *la circulation peut être aussi bien que chez l'homme rétablie par les veines pariétales du tronc, quoiqu'il n'y ait pas de tumeur abdominale comprimant l'hypogastrique ou ses principaux affluents.*

Cette conclusion modifie celle de MM. Sappey et Dumontpallier, dans ce qu'elle a de trop absolu. En effet, ces auteurs admettent que *dans ce genre d'oblitération la circulation chez la femme se rétablit uniquement par les veines viscérales et non par les pariétales.* Il est vrai de dire que dans les deux observations sur lesquelles ils appuient leur opinion, on ne constate aucune ectasie des veines pariétales, tandis que les veines utérines, utéroovariennes, urétériques et rénales ont acquis un calibre considérable (1).

Le cas que je viens de rapporter n'aurait-il d'autre mérite que la particularité anatomique que je signale, qu'il était encore utile de le faire connaître.

____

(1) *Comptes rendus de la Société de Biologie,* loc. cit. p. 150 et 151.

____

Nancy, impr. de Sordoillet et fils, rue du faubourg Stanislas, 5.

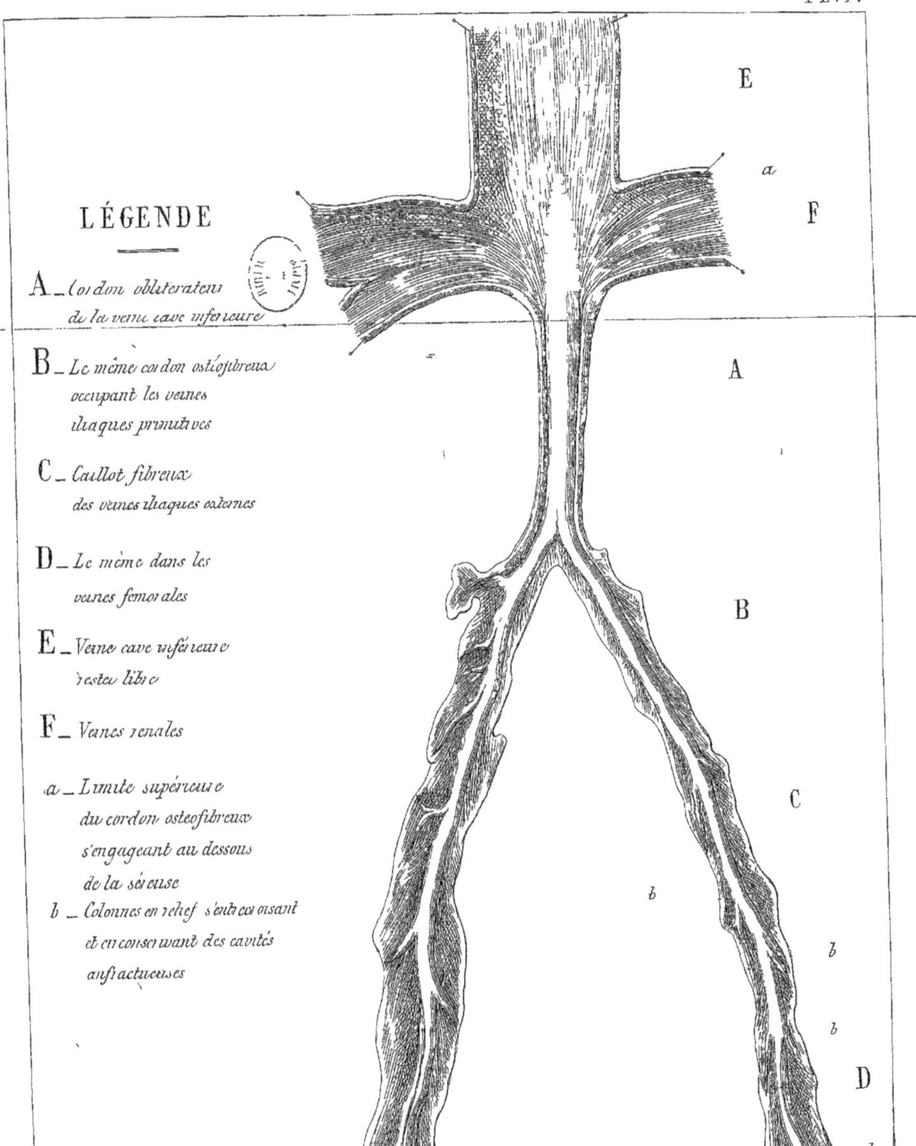

LÉGENDE

A _ Cordon oblitérateur
de la veine cave inférieure

B _ Le même cordon ostéofibreux
occupant les veines
iliaques primitives

C _ Caillot fibreux
des veines iliaques externes

D _ Le même dans les
veines fémorales

E _ Veine cave inférieure
restée libre

F _ Veines rénales

a _ Limite supérieure
du cordon osteofibreux
s'engageant au dessous
de la séreuse

b _ Colonnes en relief s'entrecroisant
et en conservant des cavités
anfractueuses

LÉGENDE

Fig. A.

*Dessin schématique
d'une coupe du cordon
ostéofibreux faite
perpendiculairement
à son axe
m — Trabécules lamelleuses
b — Points représentant
— les sections des fibrilles*

Fig. B.

*ff — Fibres de fibrine
gg — Granulation graisseuse*

Fig. C.

*cc — Granulation calcaire
h — Tissu conjonctif*

Fig. D.

*r — Tissu conjonctif
— des colonnes*

Fig. E.

*s — Tissu conjonctif
— plus délicat de la
— membrane*

Fig. A.

Fig. B.

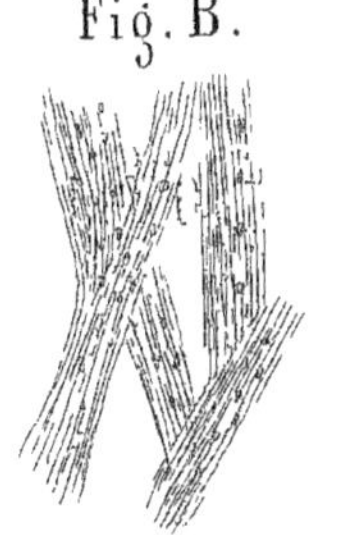

Fig. C.

Fig. D.

Fig. E.